Mervat Agaibyi

Irisina: Um biomarcador e um alvo nas doenças metabólicas

Mervat Agaibyi

Irisina: Um biomarcador e um alvo nas doenças metabólicas

ScienciaScripts

This book is a translation from the original published under ISBN 978-620-2-06658-7.

Publisher:
Sciencia Scripts
is a trademark of
Dodo Books Indian Ocean Ltd. and OmniScriptum S.R.L publishing group

120 High Road, East Finchley, London, N2 9ED, United Kingdom
Str. Armeneasca 28/1, office 1, Chisinau MD-2012, Republic of Moldova, Europe
Printed at: see last page
ISBN: 978-620-7-91352-7

Índice

LISTA DE ABREVIATURAS 2

Introdução 3

Características da Irisina 6

Mecanismo de ação da Irisina 9

Papel da Irisina nas Doenças Metabólicas 13

1-Papel da Irisina na Obesidade e na Síndrome Metabólica 14

2-Papel da Irisina na diabetes mellitus e na homeostase da glucose 19

3-Papel da Irisina na doença renal 23

4-Papel da Irisina na doença do fígado gordo 25

5-Papel da Irisina na saúde do cérebro e na sua função cognitiva 27

6-Irisina no cancro da mama 32

7-Papel da irisina noutros distúrbios metabólicos 34

A irisina pode abrandar o processo de envelhecimento 36

Conclusão e recomendação 38

Métodos de medição da IRISIN 40

Referências 41

LISTA DE ABREVIATURAS

FNDC5:	Fibronectin type III domain-containing 5 transmembrane receptor
PPARγ (PGC1-α):	Proliferator-activated receptor gamma coactivator-1-alpha
WAT :	White adipocytes tissues
BAT :	Brown adipose tissues
UCP1:	Uncoupling protein 1
Lys :	Lysine
Ala :	Alanin
EE :	Energy expenditure
MetS:	Metabolic syndrome
NIDDM:	Non insulin diabetes mellitus
HDL:	High density lipoprotein
VLDL:	Very low density lipoprotein
LDL:	low density lipoprotein
T2DM:	Type 2 diabetes mellitus
HbA1c:	Glycated hemoglobin A1c
β-trophin:	Betatrophin
GDM:	Gestational Diabetes Mellitus
CKD:	Chronic kidney disease
BMI:	Bod y mass Index
AST:	Aspartate aminotransferase
ALT:	Alanine aminotransferase
NAFLD:	Fatty liver disease
FGF21:	Fibroblast growth factor 21
BDNF:	Brain derived neurotrophic factor
PCOS:	Poly cystic ovary syndrome

Introdução

A inatividade física provoca a acumulação de tecido adiposo visceral e uma inflamação de baixo grau, que está geralmente associada a condições patológicas, como a obesidade, a resistência à insulina, a diabetes, a aterosclerose, as doenças neurodegenerativas e até vários tipos de cancro, como o cancro do cólon e da mama (Pedersen e Brandt, 2010). Assim, o exercício físico tem efeitos anti-inflamatórios directos devido à diminuição da acumulação de tecido adiposo e ao aumento do gasto energético, que são abordagens atractivas para combater a epidemia mundial de obesidade e diabetes mellitus tipo 2.

Neste sentido, os benefícios do exercício físico têm sido amplamente documentados (Strasser, 2013). Recentemente, foi relatado que, principalmente durante ou imediatamente após o exercício físico, o músculo esquelético funciona como um órgão endócrino, libertando várias hormonas para a circulação denominadas miocinas, que podem influenciar o metabolismo em vários tecidos e órgãos (Pedersen e Febbraio, 2012).

Em 2012, a irisina foi identificada como uma mioquina putativa segregada pelo músculo em resposta ao exercício agudo, tanto em seres humanos como em ratos, participando como mensageiro entre o músculo esquelético, o tecido adiposo, o coração, o cérebro, o fígado e os vasos sanguíneos.

A irisina é um produto de clivagem proteolítica do recetor transmembranar 5 contendo o domínio do tipo III da fibronectina (FNDC5), cuja expressão é induzida pelo coactivador 1 alfa do PPARγ (PGC1-α). Esta expressão genética é estimulada pelo exercício físico que, por sua vez, aumenta a libertação de irisina na circulação para diferentes tecidos e órgãos (Ruschke et al., 2010).

Aparentemente, a irisina actua como um sinal que transporta diretamente para o músculo esquelético e para o tecido adiposo, desencadeando um fenótipo semelhante ao da gordura castanha nos tecidos dos adipócitos brancos (WAT) - que consideram como local de armazenamento de lípidos - de modo que se torna semelhante ao tecido adiposo castanho (BAT) - que funciona como termogénese (Villarroya, 2012). Este mecanismo é conseguido através da ativação da expressão da proteína desacopladora 1 (UCP1) que aumenta a biogénese mitocondrial, o consumo de oxigénio e a perda de calor e, subsequentemente, um maior gasto energético durante o exercício físico, pelo que a irisina pode ter um papel vital na perda de peso em indivíduos obesos.

Consequentemente, através da melhoria da obesidade e das perturbações inflamatórias crónicas que lhe estão associadas, a irisina poderia desempenhar uma função protetora contra várias perturbações metabólicas como as doenças cardiovasculares, a diabetes mellitus de tipo 2, a doença do fígado gordo, bem como na osteoporose, nas perturbações neurodegenerativas e nos cancros relacionados com a obesidade, como o cancro da mama. A indução do acastanhamento no tecido adiposo branco poderia representar uma estratégia terapêutica atractiva para aumentar o metabolismo dos lípidos, da glicose e das gorduras e, por conseguinte, melhorar a obesidade, a sensibilidade à insulina, a diabetes de tipo 2, a saúde do cérebro e as suas funções cognitivas e outras doenças metabólicas (Moon e Mantzoros, 2014).

A irisina tem-se destacado como um potencial alvo terapêutico em várias doenças metabólicas nas quais a resistência à insulina tem um papel patogénico grave. Assim, o exercício físico tem efeitos anti-inflamatórios directos devido à diminuição da acumulação de tecido adiposo e ao aumento do gasto energético, que são abordagens atractivas para combater a epidemia mundial de obesidade e diabetes mellitus tipo 2.

Características da Irisina

Características estruturais

A irisina, uma mioquina semelhante a uma hormona que contém 112 resíduos de aminoácidos, com um peso molecular de cerca de 12 kDa, é sintetizada principalmente no tecido muscular esquelético após a divisão proteolítica da parte N-terminal do seu precursor, a proteína 5 que contém o domínio semelhante à fibronectina (FNDC5), sendo depois libertada no espaço extracelular (Tsuchiya et al., 2014). A FNDC5 é constituída por 3 fragmentos, um único domínio de fibronectina tipo III, um péptido sinal e um domínio hidrofóbico C-terminal integrado na membrana celular (Fig. 1).

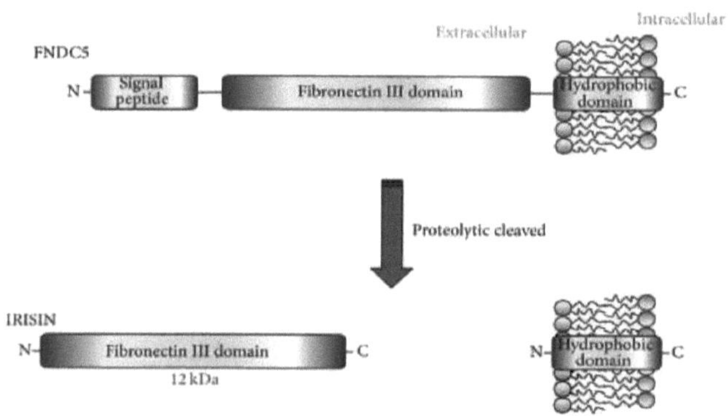

Figura (1): Estrutura do FNDC5 e clivagem proteolítica para libertação da irisina

A expressão de FNDC5 (fibronectin type III domain containing 5) é estimulada no músculo por PGC1-α em resposta ao exercício. É um péptido sinalizador com dois domínios de fibronectina na sua parte amino (N)-terminal e um domínio hidrofóbico inserido na bicamada lipídica no domínio carboxi (C)-terminal. Os primeiros 29 aa do FNDC5 do rato são um péptido de sinal, seguido imediatamente pelo domínio FNIII único de 94 aa. Os 28 aa seguintes são de estrutura e função desconhecidas e contêm o local de clivagem putativo para a irisina. Segue-se um domínio transmembranar de 19 aa e um domínio citoplasmático de 39 aa. O FNDC5 é, portanto, uma proteína transmembranar de tipo I com o seu domínio FNIII extracelular, semelhante a alguns receptores de citocinas. Esta estrutura é sintetizada como uma proteína de membrana de tipo I e seguida de clivagem proteolítica que realiza a parte amino (N)-terminal da proteína para o extracelular para a circulação.

O próprio FNDC5 é uma glicoproteína com sítios de glicosilação 39 Lys e 84 Ala (Schumacher et al., 2013). A estrutura cristalográfica de raios X prova que a irisina é constituída por uma cauda C-terminal flexível e um domínio N-terminal de fibronectina tipo III como um dímero contínuo de folhas β entre subunidades. Informações bioquímicas estabeleceram que a irisina é um dímero e que é suscetível de dimerização sem a influência da glicosilação. Um aspeto notável sobre a irisina é que a sequência de aminoácidos é 100% idêntica entre a maioria das espécies de mamíferos, o que sugere uma função altamente conservada (Spiegelman, 2013).

Esta constatação indica um possível mecanismo de ativação dos receptores pelo domínio da irisina, quer como uma mioquina ligante dimérica pré-formada, quer como uma molécula dimérica autócrina ou parácrina nos receptores FNDC5-. Durante ou após o exercício, a irisina difunde-se do tecido muscular para o espaço extracelular. A irisina, como porção secretora da proteína FNDC5, tem a capacidade de induzir o escurecimento do tecido adiposo branco (WAT) e melhorar vários distúrbios metabólicos tanto em ratos como em seres humanos (Yang et al., 2013).

Características de distribuição

O exercício agudo pode aumentar a expressão do coactivador-1-alfa do recetor gama ativado por proliferador (PGC-1α) nos músculos cardíaco e esquelético, o que pode aumentar a produção da sua proteína a jusante (FNDC5), que sofre uma divisão proteolítica libertando a irisina como uma mioquina semelhante a uma hormona. Apesar do facto de ter sido estabelecida a primeira investigação sobre a síntese de irisina no músculo esquelético e a sua difusão na circulação para ajustar as actividades de outros tecidos, a posição principal e a distribuição da irisina, devido à sua vasta gama de características fisiológicas e aos seus tremendos papéis, ainda são obscuras (Bostrom et al., 2012;

Xu,2013). Atualmente, os níveis idênticos de irisina e a sua distribuição no ser humano em vários órgãos e tecidos-alvo detectaram os seus papéis fisiológicos na promoção da saúde e na melhoria dos distúrbios metabólicos. A gama de níveis de irisina circulante em humanos (Choi et al., 2014) em circunstâncias fisiológicas e patológicas mostrou uma distribuição abundante de irisina. Atualmente, tem sido relatada a distribuição da irisina no músculo esquelético, no músculo cardíaco, no tecido adiposo, nos ossos, no cérebro, no fígado, nos rins, no pâncreas, no sistema imunitário, no ovário, na bainha de mielina periférica, nas células L intestinais e nos ilhéus pancreáticos a vários níveis (Adyin et al., 2014).

Mecanismo de ação da Irisina

Escurecimento dos adipócitos brancos induzido pela irisina e gasto energético

Foi estabelecido que a sobreexpressão específica de PGC-1 α no músculo estimulava um programador de genes do tecido adiposo de tipo castanho. A sobreexpressão de PGC-1 α indicou níveis obviamente aumentados de transcrições associadas ao BAT, incluindo *Ucp1e Cidea*, na camada de gordura do subcutâneo inguinal, correlacionando-se com o aumento da expressão de UCP1 no WAT. O exercício de corrida com rodas durante 3 semanas induziu um perfil genético semelhante, indicando que tanto o exercício como a expressão específica do músculo PGC-1 α estimularam um programador de "escurecimento" no tecido adiposo branco (Bostrom et al., 2012).

Esta sobreexpressão de PGC-1α está relacionada com a redução dos marcadores de peso corporal, stress oxidativo e diminuição dos níveis de inflamação muscular. Além disso, em resposta ao exercício, a PGC-1α estimula a biogénese mitocondrial, a fosforilação oxidativa, o metabolismo dos hidratos de carbono e dos lípidos, melhora a sensibilidade à insulina, a termogénese adaptativa, a biogénese mitocondrial, a taxa de consumo de oxigénio e, finalmente, a perda de calor (Fig. 2).

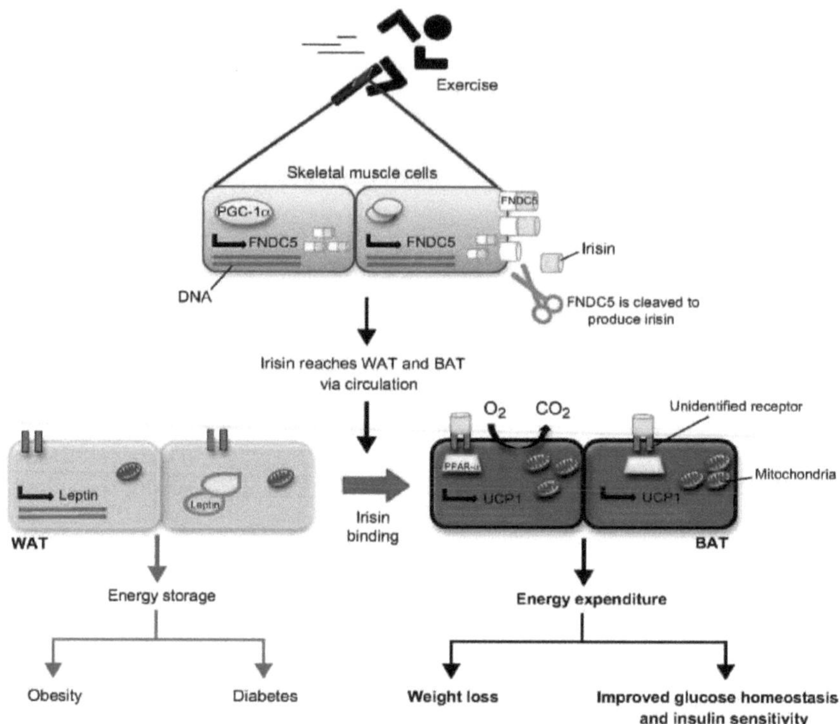

Figura (2): Escurecimento do tecido adiposo induzido pelo exercício através de PGC-1 α e irisina.

O exercício físico aumenta os níveis de expressão de PGC-1α no músculo. Isto, por sua vez, regula a expressão de FNDC5, uma proteína de membrana do tipo I, que é clivada no terminal C e secretada como irisina na circulação. A ligação da irisina a um recetor desconhecido na superfície dos adipócitos em WAT altera o seu perfil genético. Em particular, a irisina induz a expressão de **PPAR-α**, que se pensa ser um efector intermédio a jusante que aumenta a expressão de UCP1 (altamente expresso em BAT e um marcador de acastanhamento). O escurecimento do tecido adiposo está associado a um aumento da densidade mitocondrial e do consumo de oxigénio. O acastanhamento é acompanhado por um aumento no perfil de gasto energético, levando a efeitos favoráveis no metabolismo.

Para esclarecer o mecanismo pelo qual este cofator induz todas estas variedades de efeitos biológicos, Bostrom e colegas examinaram ratos submetidos a um programa de exercício crónico e sugeriram que o exercício físico era capaz de aumentar a expressão do músculo esquelético de vários genes envolvidos no gasto energético e particularmente no metabolismo da glicose e dos lípidos. Entre esses genes estava o FNDC5, localizado no locus 1p35.1, que demonstrou ser expresso como consequência da ativação do PGC-1α. Em alguns adipócitos da gordura subcutânea, a regulação positiva de UCP1 foi relacionada com a ativação de PGC-1α (Bostrom et al., 2012 & Wu et al., 2012).

Além disso, a proteína 32kD FNDC5 é depois clivada e libertada na circulação sob a forma de irisina, que pode atuar remotamente como uma verdadeira hormona muscular (Bostrom et al., 2012 & Castillo-Quan, 2012). Ao testar o potencial papel do FNDC5 *in vivo*, o gene *FNDC5* foi isolado e integrado em vectores adenovirais, posteriormente injectados em modelos de obesidade murinos. A expressão do gene FNDC5 foi aumentada até 15 vezes, os níveis de irisina no plasma aumentaram até 4 vezes e a expressão de UCP1 aumentou até 15 vezes. Estes efeitos foram acompanhados por uma diminuição da massa gorda, um aumento do consumo de oxigénio, uma melhoria da secreção de insulina e da homeostase da glicose. Além disso, os efeitos "browning" do exercício foram bloqueados quando um anticorpo monoclonal dirigido contra a irisina (**Arias-Loste** et al., 2014).

O mecanismo mais provável para explicar a regulação positiva de UCP1 foi o aumento da expressão de PPARα, que tem um papel funcional no metabolismo da glicose e dos lípidos (Bostrom et al., 2012).

Em adipócitos brancos, a expressão de mRNAs PPAR aumenta até três vezes como consequência da superexpressão de FNDC5, sugerindo um papel potencial de PPAR α mediando o mecanismo de FNDC5 no escurecimento de gordura, já que a inibição farmacológica de PPARα bloqueia o mecanismo de escurecimento de gordura (Hondares et al., 2011).Esta correlação potencial entre a sinalização PPARα e a irisina é tão importante, indicando que esta via de sinalização pode ter uma função importante na β-oxidação hepática (Abdelmegeed et al., 2011). Assim, por aumentar o escurecimento do tecido adiposo, a administração de irisina seria uma estratégia terapêutica eficaz para melhorar a sinalização da insulina, imitando os efeitos do exercício (Spiegelman, 2013).

Papel da Irisina nas Doenças Metabólicas

Para além da descoberta da irisina como uma miocina regulada pelo exercício, que induziu o acastanhamento do tecido adiposo branco (WAT), em 2012 Bostrom et al. explicaram os efeitos benéficos da irisina no metabolismo de todo o corpo e o seu papel em várias doenças metabólicas (Fig. 3).

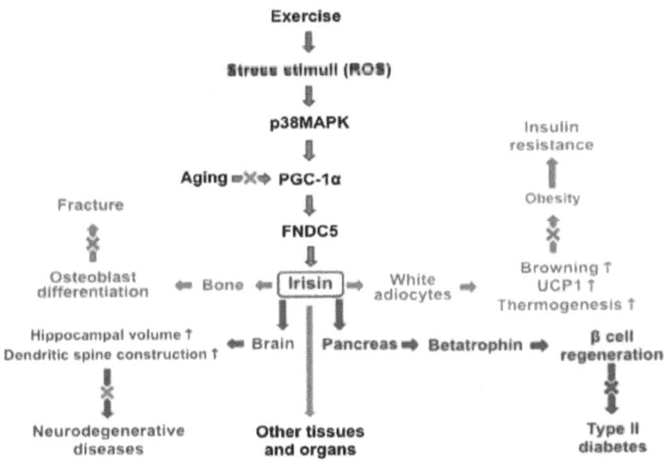

Figura (3): A regulação da irisina induzida pelo exercício em doenças metabólicas ou problemas de saúde associados ao metabolismo.

"×" indica a inibição ou o bloqueio de vias de sinalização ou doenças. PGC-1a, coactivador-1-alfa do recetor gama ativado por proliferador de peroxissoma; FNDC5, proteína 5 que contém o domínio da fibronectina; UCP1, proteína desacopladora 1; ROS, espécies reactivas de oxigénio.

1-Papel da Irisina na Obesidade e na Síndrome Metabólica

De acordo com a Organização Mundial de Saúde, a obesidade mundial - a doença nutricional mais comum nos países industrializados - duplicou desde 1980, com mais de 1,4 mil milhões de adultos considerados atualmente com excesso de peso ou obesidade. Mais de 60% da população adulta nos EUA é atualmente considerada com excesso de peso ou obesa (Andrew et al., 2013).

A obesidade tornou-se uma espécie de epidemia devido aos distúrbios metabólicos associados, como a diabetes mellitus tipo 2, a cardiomiopatia e as doenças cerebrovasculares, a apneia do sono, a disfunção pulmonar, a osteoartrite, a doença hepática gorda não alcoólica, determinados tipos de cancro e complicações respiratórias decorrentes de outras doenças, o que leva a taxas mais elevadas de morbilidade e mortalidade, reduzindo direta ou indiretamente a esperança de vida dos doentes (Mitchell et al., 2011).

A modificação do estilo de vida, especificamente as mudanças na dieta, o exercício e a atividade física, são atualmente a melhor preferência para o tratamento da obesidade e dos seus distúrbios metabólicos. Neste sentido, os benefícios do exercício físico têm sido documentados (Strasser, 2013). Em termos matemáticos simples, a obesidade é causada como consequência do excesso crónico de ingestão de energia em relação ao gasto energético (EE), pelo que o aumento do gasto energético se torna uma abordagem atraente para combater a epidemia mundial de obesidade e diabetes tipo 2. Dados recentes demonstraram que o exercício, para além de utilizar mais calorias para realizar o trabalho físico, também leva a um aumento do gasto energético durante o escurecimento da gordura branca. De facto, os efeitos do escurecimento da gordura branca podem representar parte dos benefícios mais duradouros do exercício físico (Chen et al., 2016).

Além disso, após um exercício agudo, um ligeiro aumento de 3 vezes nos níveis circulantes de irisina aumentou o gasto energético, reduziu o aumento de peso corporal sob uma dieta rica em gorduras e melhorou a resistência à insulina induzida pela dieta (Bostrom et al. 2012).

Estes resultados sugerem um potencial papel protetor da irisina no desenvolvimento da diabetes tipo 2, uma das principais complicações associadas à obesidade (Novelle et al., 2013).

Uma vez que a irisina foi inicialmente caracterizada por proteger contra o aumento de peso induzido pela dieta, mediado pelo escurecimento do tecido adiposo branco (WAT) e, por conseguinte, pelo aumento do gasto de energia, vários estudos examinaram a correlação da irisina circulante com a obesidade nos seres humanos. De acordo com a função protetora sugerida da mioquina irisina no desenvolvimento da obesidade nos seres humanos, foram comprovadas correlações negativas do IMC com os níveis de irisina circulante (Aydin et al., 2013; Choi et al., 2013; Moreno-Navarrete et al., 2013; Polyzos et al., 2014).

Lopez-Legarre e colegas, 2014, demonstraram que os doentes com síndrome metabólica e os doentes obesos submetidos a um tratamento de 10 semanas com dietas de baixo valor energético detectaram uma redução significativa do seu peso corporal e um nível elevado de irisina basal. O aumento do nível de irisina está significativamente correlacionado com a diminuição das concentrações de glicose e insulina, bem como com a melhoria da sensibilidade à insulina; estes resultados apoiam a sugestão de que a irisina desempenha um papel funcional na regulação do metabolismo dos hidratos de carbono da obesidade induzida por uma dieta rica em gordura no ser humano. Além disso, vários estudos demonstraram que a melhoria da sensibilidade à insulina e a perda de peso corporal estão intimamente relacionadas com os níveis de FNDC5 e de irisina sérica no músculo esquelético (Moreno-Navarrete et al. 2013; Liu et al., 2013) (Fig. 4).

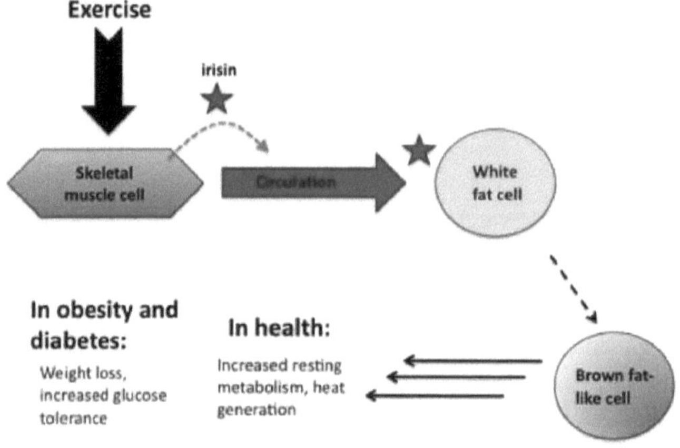

Fig (4): Mecanismo de ação da irisina na saúde, diabetes e obesidade através do escurecimento do tecido adiposo

Recentemente, em 2013, Moreno-Navarrete provou que a expressão do gene FNDC5 no tecido adiposo visceral e subcutâneo está significativamente diminuída e está correlacionada de forma oposta com a obesidade, a leptina, o fator de necrose tumoral alfa e a proteína específica da gordura 27, que actuam como inibidores do gene castanho, mas está positivamente correlacionada com marcadores de browning, marcadores de macrófagos e mitocôndrias e vias de sinalização da insulina. Da mesma forma, os níveis circulantes de irisina estão negativamente correlacionados com a resistência à insulina e a obesidade (Moreno-Navarrete et al. 2013).

Em 2014, Panagiotou et al. examinaram a Irisina como um fator de previsão de resultados adversos relacionados com a síndrome metabólica. A síndrome metabólica (SM) está associada a uma série de distúrbios metabólicos e pode ser causada pela obesidade, especialmente a obesidade central.

Hee et al. 2013 relataram que o nível basal de irisina é significativamente maior em pacientes com SM do que naqueles sem SM. Outro estudo (Panagiotou et al., 2014) verificou que, em indivíduos obesos com outros factores de risco cardiovascular, níveis séricos mais elevados de irisina estavam correlacionados com níveis mais baixos de colesterol HDL.

Verificou-se também que a irisina está positivamente correlacionada com os triglicéridos, o VLDL e o colesterol total (Hew-Butler et al., 2015).

Uma vez que todos estes parâmetros representam factores de risco cardiovascular, poderia parecer que níveis séricos mais elevados de irisina poderiam prever resultados pouco favoráveis. De um modo geral, o nível de irisina circulante pode refletir o estado patológico dos doentes que sofrem de doenças associadas à síndrome metabólica.

A irisinemia, é um conceito recentemente desenvolvido que pode ser considerado como um indicador no tratamento de muitas doenças epidémicas, como a obesidade,

NIDDM, e esteatose hepática (Sanchis-Gomar et al., 2013; **Arias-Loste** etal., 2014). Além disso, o aumento dos níveis de irisina está associado a probabilidades reduzidas de diagnóstico recente de DM2.

2-Papel da Irisina na diabetes mellitus e na homeostase da glucose

A irisina, uma nova mioquina, é segregada em resposta à ativação da PGC-1α. Estudos propuseram que o coactivador PGC-1α é essencial na função e homeostase mitocondrial, uma vez que controla a fosforilação oxidativa e a biogénese mitocondrial, e também desempenha um papel na resistência à insulina. Além disso, a expressão e a atividade do PGC1-α estão diminuídas na diabetes mellitus tipo 2 (T2DM) (yan et al., 2012).

Em 2013, Choi e colegas compararam os níveis séricos de irisina em pacientes com DM tipo 2 de início recente com controlos de tolerância normal à glicose e descobriram uma redução significativa dos níveis séricos de irisina nos indivíduos com diabetes mellitus tipo 2 de início recente.

Xiang e colaboradores (2014) sugeriram que, em indivíduos recém-diagnosticados com DM2, as concentrações séricas de irisina estão significativamente mais baixas do que nos controlos. Resultados semelhantes também foram relatados por Kurdiova et al., 2014 em indivíduos com DM2 sem medicamentos. Este fenómeno também é comprovado em doentes com DM2 de longa duração que foram relatados em muitos outros estudos (Liu et al., 2013; Moreno-Navarrete et al., 2013). Além dos resultados anteriores, a associação entre irisina e homeostase da glicose também foi comprovada. Chen et al., 2015 relataram que a irisina sérica estava significativamente correlacionada negativamente com a glicose plasmática de 2 horas e a hemoglobina A1c (HbA1c)

(Fig. 5).

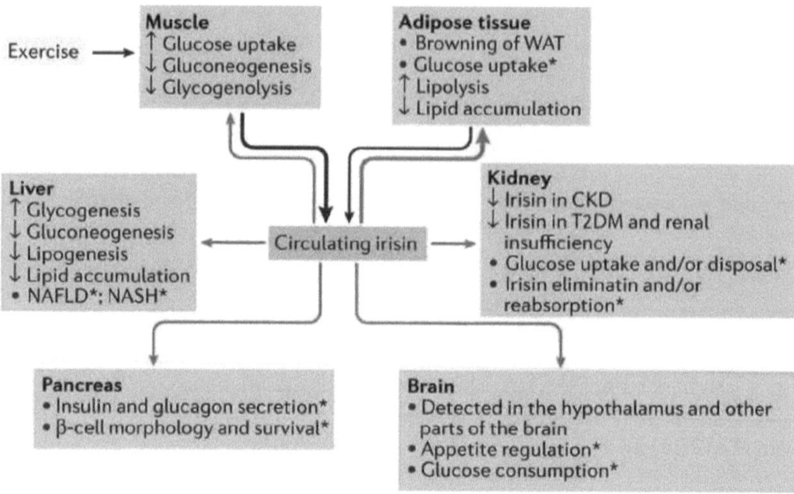

Fig (5): Efeitos da irisina na homeostase da glucose

A irisina é secretada principalmente pelo músculo durante o exercício e, secundariamente, pelo tecido adiposo (setas pretas). A irisina chega a diferentes órgãos através do sangue (setas vermelhas), levando a alterações no seu manuseamento da glicose e na homeostase lipídica. O alvo mais importante da irisina é o tecido adiposo, onde estimula o "acastanhamento" do tecido adiposo branco (WAT). Os efeitos da irisina no músculo, no tecido adiposo e no fígado favorecem os estados de normoglicemia e normolipidemia. *Embora esteja presente no pâncreas, no músculo e no cérebro, o papel da irisina nestes órgãos, bem como nos rins e no fígado (especialmente na doença hepática gorda não alcoólica (NAFLD) e na esteato-hepatite não alcoólica (NASH)), ainda não foi adequadamente investigado. DRC, doença renal crónica; DMT2, diabetes mellitus tipo 2.

Em 2014, Kurdiova relatou que antes do diabetes; foi demonstrado um nível mais alto de mRNA do FNDC5 no músculo; no entanto, uma vez após a incidência de diabetes mellitus tipo II, os níveis de mRNA do FNDC5 no plasma e no tecido adiposo detectam a diminuição em 50% e 40%, respetivamente (Kurdiova et al., 2014). O nível de irisina circulante está negativamente correlacionado com a glicemia de jejum e positivamente correlacionado com a massa muscular, força e metabolismo (Chen et al., 2016).

A betatrofina (hormona regeneradora da insulina) é uma nova hormona que pode acelerar especificamente a geração e o aumento do número de células β no rato. A regeneração de células β em humanos pode oferecer uma nova abordagem para o controlo da diabetes mellitus (Yi et al., 2013). Vários estudos sugeriram uma nova hipótese de via de sinalização, a via de sinalização das células p38-PGC-1α- irisina- β-trofina β.

Durante o exercício, a contração muscular estimula a superexpressão de PGC-1α nesta via de sinalização sugerida e, correspondentemente, aumenta a expressão de FNDC5, que é clivada proteoliticamente para liberar irisina, estimulando a expressão de UCP1 na presença de irisina, acelerando o processo de escurecimento de WAT, aumentando o gasto de energia e melhorando a sensibilidade à insulina e, portanto, permitindo a reconstrução de células β. A irisina circulante pode reduzir a resistência à insulina e melhorar a tolerância à glucose, oferecendo uma nova estratégia para a gestão da diabetes mellitus (Sanchis-Gomar et al., 2014 & Chen et al., 2016).

Um estudo efectuado em doentes diabéticos com doença macrovascular apresentou normalmente níveis séricos mais baixos de irisina em comparação com os indivíduos diabéticos sem doença macrovascular. Assim, os níveis séricos mais baixos de irisina foram considerados como um marcador preditor independente de doença macrovascular em doentes diabéticos de tipo 2 (Zhang et al., 2014). Tais observações apoiam a ideia da regulação negativa da irisina pela resistência à insulina muscular, correlacionando-se negativamente com o dismetabolismo da glicose (Gamas et al., 2015).

O papel da irisina na Diabetes Mellitus Gestacional

O papel da irisina na gravidez normal, bem como na diabetes mellitus gestacional, ainda não está totalmente elucidado. Recentemente, existem relatórios contraditórios sobre as alterações no nível de irisina sérica circulante que ocorrem na gravidez e na Diabetes Mellitus Gestacional (GDM).

Parece que os níveis de irisina aumentam com a gravidez e que a placenta expressa níveis baixos de irisina no soro. Existem provas de que os níveis séricos de irisina estão diminuídos na gravidez com DMG. Com mais investigação, a irisina revelar-se-á um futuro alvo terapêutico e um marcador de risco para o DMG, bem como para outras doenças caracterizadas pela resistência à insulina (Ramin et al., 2014).

3-Papel da Irisina na doença renal

Outra doença com um gasto energético alterado e com uma elevada prevalência de desequilíbrio metabólico e homeostase energética anormal é também a doença renal crónica (DRC). Observou-se que os doentes com DRC apresentam níveis mais baixos de irisina plasmática em repouso, independentemente dos níveis de colesterol de lipoproteínas de alta densidade, e a redução da irisina foi mais pronunciada em doentes com doença renal crónica no estádio 5 (Liu et al., 2014). Os níveis de creatinina e de azoto ureico no sangue estavam negativamente correlacionados com a diminuição dos níveis de irisina. Estes resultados indicam que a irisina está associada à função renal e que pode não ser excretada por via renal. O mecanismo esperado pode envolver feedback negativo nos miócitos através do aumento da creatinina sérica, resultando na redução da secreção de irisina (Wen et al., 2013).

Outro potencial mecanismo subjacente à diminuição da irisina na DRC parece ser o facto de o indoxil sulfato, que é uma toxina urémica ligada a proteínas, induzir uma diminuição dos níveis de irisina no meio de cultura celular e da expressão de FNDC5 nas células musculares esqueléticas (Wen et al., 2013). Estes resultados apresentam boas provas de como a uremia pode afetar os níveis de irisina em doentes com insuficiência renal crónica. Finalmente, houve uma explicação que relacionou a incidência de insuficiência renal crónica com a diminuição da massa muscular dos pacientes (Arias-Loste et al., 2014).

Apesar de este estudo ter algumas limitações, é referido que a irisina se tornará um novo alvo terapêutico para a gestão de doenças metabólicas em doentes com insuficiência renal crónica.

4-Papel da Irisina na doença do fígado gordo

Os doentes com doença do fígado gordo apresentam geralmente um perfil lipídico aterogénico caracterizado por um HDL significativamente baixo e uma elevação do LDL (Cali et al., 2007). Além disso, uma caraterística marcante na patogénese da doença do fígado gordo é a presença de depósitos de acumulação de triglicéridos intra-hepáticos, que podem estar associados a eventos inflamatórios e fibróticos. Estes depósitos de acumulação de triglicéridos intra-hepáticos estão significativamente correlacionados com a pressão arterial, o perímetro da cintura, o IMC, os níveis de transaminases, a aspartato aminotransferase (AST) e a alanina aminotransferase (ALT), o nível de insulina e a avaliação do modelo de homeostasia (Wong et al., 2012).

Recentemente, Zhang et al., 2013, referiram que os níveis plasmáticos de irisina se correlacionavam negativamente com a concentração de triglicéridos intra-hepáticos, estando marcadamente diminuídos em doentes obesos com doença hepática gorda não alcoólica (NAFLD) e que se podia observar uma diminuição lenta da irisina com o aumento dos depósitos de triglicéridos intra-hepáticos.

Sugeriu-se que a irisina tem a capacidade de inibir os depósitos de acumulação de triglicéridos intra-hepáticos em doentes com NAFLD através de um mecanismo direto ou indireto. Pode ajustar a via de sinalização do PPARα e, assim, melhorar a oxidação das gorduras, o metabolismo dos lípidos e dos hidratos de carbono através do mecanismo de gasto energético (Hondares et al., 2011).

Por outro lado, o PPARα estimula o fator de crescimento de fibroblastos 21 (FGF21), que por sua vez induziu uma melhoria na sensibilidade à insulina e na doença do fígado gordo (Xu et al., 2009). Consequentemente, a irisina pode controlar a concentração dos triglicéridos intra-hepáticos acumulados através do fator de crescimento FGF21.

Além disso, o baixo nível de irisina está negativamente correlacionado com níveis elevados de transaminases AST e ALT, o que indica que a irisina poderia proceder como um agente protetor funcional contra a doença do fígado gordo (Zhang et al., 2013).

A correlação inversa entre o nível de triglicéridos intra-hepáticos e a irisina e a potencial relação direta entre o HDL e a irisina apoiam o potencial papel protetor da irisina, especialmente em doentes com uma doença crónica de elevado risco cardiovascular, como a doença do fígado gordo (Holzer, 2011).

5-Papel da Irisina na saúde do cérebro e na sua função cognitiva

O exercício físico é conhecido por manter o cérebro saudável e seu comportamento cognitivo (Voss et al., 2013). O exercício físico pode melhorar eficazmente a estrutura anatómica do cérebro e o papel cognitivo em cada fase etária, principalmente em pessoas idosas que são as mais sensíveis a doenças degenerativas dos nervos (Carvalho et al., 2014).

Está também provado que o exercício físico tem a capacidade de modular os resultados em doenças neurodegenerativas como a epilepsia, a depressão, o acidente vascular cerebral, a doença de Parkinson e a doença de Alzheimer (Buchman et al., 2012). A irisina pode ser o elo de ligação entre o exercício físico e um cérebro saudável. Em 2009, Erickson examinou de forma consistente a correlação entre o exercício, a capacidade cognitiva e o volume do hipocampo, tendo referido que o exercício físico pode ter uma correlação positiva com a eficiência cognitiva, uma vez que o exercício estimula o aumento do volume do hipocampo (Fig. 6).

Este resultado provou que o exercício físico tem a capacidade de melhorar a saúde do cérebro devido ao seu efeito direto na função cognitiva e na estrutura morfológica do cérebro (Chen et al., 2016).

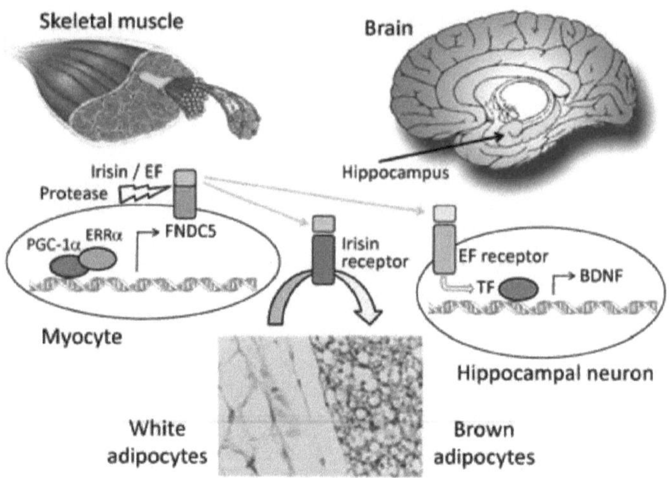

Figura (6): As vias do FNDC5 que ligam o exercício muscular à diferenciação adiposa e ao bem-estar do cérebro.

Após o exercício de resistência, o miócito ESRRA (Recetor Alfa Relacionado com o Estrogénio, ERRα) liga-se ao PGC-1α e aumenta a transcrição do FNDC5. O FNDC5 é clivado para produzir as mioquinas alternativas irisina e fator de exercício (EF), induzindo a transformação dos adipócitos brancos em castanhos. O efeito parácrino da hormona irisina ativa os neurónios do hipocampo através de um recetor desconhecido, aumentando a produção de BDNF. Numa via alternativa possível, o FNDC5 do hipocampo, que partilha a sua regulação da transcrição com as células musculares, regula positivamente o BDNF através da irisina/EF produzida proteoliticamente por ação autócrina.

Em 2010, Pajonk sublinhou que o exercício físico pode aumentar o fluxo sanguíneo do cerebelo para o hipocampo; modular a memória espacial e o volume do hipocampo em doentes com esquizofrenia.

A indução de neurotrofinas/factores de crescimento, sobretudo o fator neurotrófico derivado do cérebro (BDNF), é um mediador essencial para as respostas benéficas do cérebro ao exercício físico. O BDNF é essencial para manter os neurónios saudáveis e criar novos neurónios, promovendo vários aspectos do desenvolvimento cerebral, como a diferenciação das células neuronais, a sobrevivência, a migração, as arborizações dendríticas, a sinaptogénese e a plasticidade das sinapses (Park & Poo, 2013) (Fig. 4). Além disso, o BDNF é essencial para a função hipocampal, a aprendizagem e a plasticidade sináptica (Kuipers e Bramham, 2006).

Recentemente, foi descoberta uma função para a recém-descoberta "hormona do exercício" FNDC5 e a sua forma secretada "irisina" nos efeitos protectores do exercício físico no cérebro. A expressão de *Fndc5* é induzida no hipocampo de ratos pelo exercício, que, por sua vez, ativa o BDNF e outros genes neuroprotectores no giro dentado do hipocampo, uma parte do cérebro envolvida na memória e na aprendizagem (Wrann et al., 2015; Camandola & Mattson, 2017; Basso &Suzuki, 2017).

Estes dados provam que ou a própria irisina consegue atravessar a barreira hemato-encefálica para induzir estas alterações da expressão genética ou a irisina induz um fator x que o consegue fazer.

Outro estudo elucidou que a dose fisiológica de irisina (5-10 nmol/L) não apresenta alterações aparentes na proliferação dos neurónios do hipocampo no rato H19-7; além disso, a irisina em concentração farmacológica (50-100 nmol/L) revela um aumento da capacidade de proliferação em comparação com o grupo de controlo (Wrann et al., 2013).

Por último, o exercício é essencial para manter os neurónios saudáveis, criando novos neurónios e sinapses - ligações entre os nervos que permitem restaurar a aprendizagem e a memória e também preservar a sobrevivência das células cerebrais. Para além disso, o exercício pode ter uma função crucial na prevenção de doenças neurológicas, incluindo Alzheimer e Parkinson.

A irisina pode promover uma função de ligação entre o exercício físico e a saúde do cérebro, o que oferece uma nova abordagem para a gestão de doenças neurológicas (Chen et al., 2016) (Fig. 7).

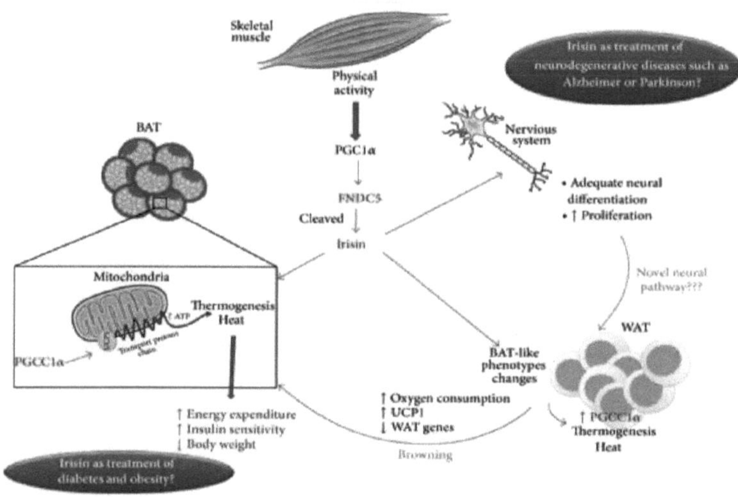

Figura (7): O músculo esquelético liberta para a circulação várias hormonas mioquinas que actuam como órgão endócrino.

Assim, durante o exercício, o PGC1α é ativado, induzindo a libertação de FNDC5, que é clivado em irisina. A irisina pode atuar em diferentes tecidos, pelo que o tecido adiposo castanho ativa a UCP1 nas mitocôndrias, desencadeando a cadeia de transporte de protões na membrana mitocondrial, resultando no aumento do ATP e na dissipação de energia sob a forma de calor. Este processo aumenta o gasto energético, reduz o peso corporal e melhora os parâmetros metabólicos, como a sensibilidade à insulina. A irisina no tecido adiposo branco estimula as alterações dos fenótipos do tipo BAT, aumentando a expressão do PGC1α e, consequentemente, do UCP1 e do consumo de oxigénio, ao mesmo tempo que diminui os genes WAT, processo em que o WAT deixa de se comportar como reservatório de energia para utilizar a gordura como fonte de energia como no BAT, processo denominado browning. Outro alvo da irisina é o sistema nervoso, onde estudos preliminares sugerem que poderia atuar no metabolismo dos adipócitos através de uma nova via neural e, por outro lado, a irisina induz a proliferação neural e a diferenciação neural adequada, pelo que poderia também ser um alvo terapêutico para doenças neurodegenerativas como Alzheimer ou Parkinson.

6-Irisina no cancro da mama

As mulheres obesas têm um risco elevado de cancro da mama e, normalmente, apresentam uma doença mais agressiva, piores resultados e taxas de mortalidade mais elevadas (Scholz et al., 2015). Foi sugerida uma série de mecanismos que medeiam a ligação entre a obesidade e o desenvolvimento do cancro da mama, incluindo a secreção elevada de estrogénios, insulina e factores de crescimento semelhantes à insulina induzida pelo tecido adiposo e a produção alterada de adipocinas (Coughlin e Smith, 2015).

Foi identificada a participação das adipocinas na carcinogénese da mama, o que constitui uma potencial ligação molecular entre a obesidade e o desenvolvimento do cancro da mama nas mulheres. Estas adipocinas podem exercer os seus efeitos no tecido mamário de uma forma endócrina, parácrina e autócrina, exercendo efeitos directos e indirectos no risco e na progressão do cancro da mama (Jardé et al., 2011).

Considerando que as alterações na secreção de adipocinas têm sido estreitamente associadas ao cancro da mama, seria interessante examinar a potencial inclusão da irisina no desenvolvimento da doença através da sua função como adipocina.

O primeiro estudo realizado por Provatopoulou e colaboradores em 2015 foi uma tentativa de investigar o papel de relevância clínica da irisina no cancro da mama humano, utilizando a determinação quantitativa dos níveis séricos de irisina em doentes com cancro da mama ductal invasivo e em indivíduos saudáveis.

Um estudo recente, realizado em doentes com cancro da mama, registou uma diminuição significativa dos níveis séricos de irisina em comparação com indivíduos saudáveis normais. Além disso, a análise univariada e multivariada indica uma correlação independente significativa entre o cancro da mama e os níveis séricos de irisina. Este estudo sugeriu que, ao aumentar o nível de irisina sérica em 1 unidade, induz uma redução de 90% na incidência prospetiva de cancro da mama, ponto de corte em 3,21 µg/ml, a irisina pode diferenciar eficazmente as doentes com cancro da mama com 91,1% de especificidade e 62,7% de sensibilidade.

Este estudo fornece provas preliminares significativas de que a irisina é um potencial biomarcador do cancro da mama e sugere a sua aplicação eficaz como um novo indicador de diagnóstico para a deteção e o diagnóstico precoce do cancro da mama (Provatopoulou et al., 2015).

7-Papel da Irisina noutros distúrbios metabólicos

X *Síndrome dos ovários poliquísticos (SOP)*

Vários estudos relataram que a síndrome dos ovários poliquísticos (SOP) está associada à síndrome metabólica (SM) e aos seus componentes (Chalasani., et al 2012; Polotsky et al., 2012).

Em 2014, Chang et al. sugeriram que os níveis séricos de irisina em doentes com SOP estão significativamente aumentados quando comparados com os dos controlos. De forma notável, os níveis de irisina em jejum mantêm-se significativamente aumentados em doentes com SOP sem factores de risco de SM e em doentes com SOP de peso saudável, em comparação com controlos correspondentes. Estes resultados provaram que a irisina pode ser um fator independente que contribui para o desenvolvimento da SOP e também representaram a irisina circulante como um candidato a biomarcador que poderia ajudar na deteção precoce da doença.

Fratura osteoporótica

O rastreio da diferenciação e do metabolismo ósseos mostra uma sobre-expressão da irisina nos mioblastos dos ratos submetidos a treino físico em comparação com os que não o fazem. Do mesmo modo, o treino físico melhora a expressão da fosfatase alcalina e do colagénio de tipo I nos osteoblastos e induz a diferenciação dos osteoblastos numa via dependente da irisina, provando assim que a irisina apresenta uma intervenção direta no metabolismo ósseo, de modo a aumentar o desvio dos osteoblastos maduros das células estromais da medula óssea (Colaianni et al., 2014, Zhang et al., 2017). Além disso, o nível de irisina circulante está fortemente correlacionado com a fratura osteoporótica, embora não esteja relacionado com a massa óssea em mulheres pós-menopáusicas (Fig.8).

Pesquisas recentes também indicaram que o nível de irisina está negativamente correlacionado com as fracturas osteoporóticas, sugerindo que a irisina, de uma forma independente da densidade mineral, pode desempenhar um papel essencial como biomarcador protetor da saúde óssea (Palermo et al., 2015).

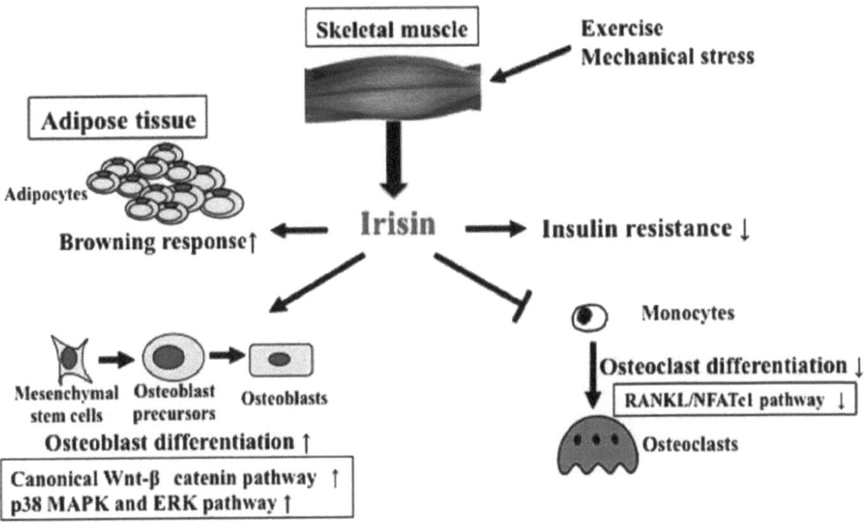

Fig (8): Efeitos da irisina no osso

O papel da irisina na ligação do músculo ao osso. A irisina é uma mioquina produzida pelo músculo esquelético após o exercício físico. Induz uma resposta de acastanhamento nos tecidos adiposos brancos e protege contra a resistência à insulina. No osso, a irisina aumenta a diferenciação dos osteoblastos através das vias canónicas da Wet-β-catenina, p38 MAPK e ERK. Por outro lado, a irisina suprime a diferenciação dos osteoclastos através da supressão das vias RANKL/NFATc1.

A irisina pode abrandar o processo de envelhecimento

Os telómeros são as capas protectoras nas extremidades dos cromossomas que afectam a rapidez com que as células envelhecem. São combinações de ADN e proteínas que ajudam as células a manterem-se estáveis, protegendo as extremidades dos cromossomas. À medida que os telómeros ficam mais curtos, a sua integridade estrutural enfraquece, o que faz com que as células envelheçam e morram mais cedo (Rana et al., 2014).

Existe uma ligação significativa entre os níveis de irisina no sangue e um marcador biológico de envelhecimento ligado ao comprimento dos telómeros, a irisina abrandou o processo de envelhecimento ao alongar os telómeros. Assim, verificou-se que as pessoas que têm níveis mais elevados de irisina são "biologicamente mais jovens" do que as que têm níveis mais baixos da hormona (Rana et al., 2014).

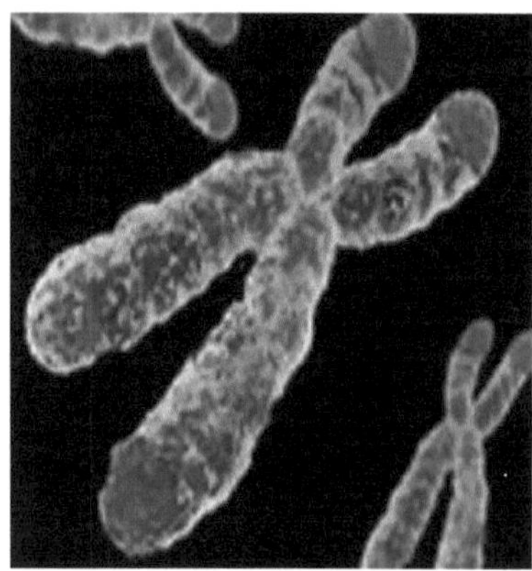

A irisina alonga os telómeros (a vermelho).

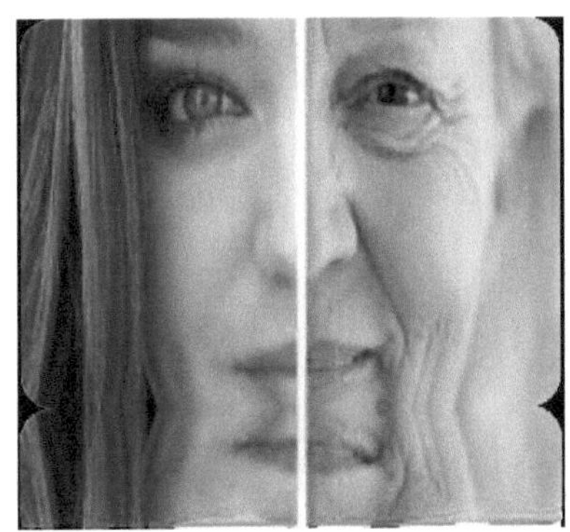

Conclusão e recomendação

Os músculos esqueléticos em contração são capazes de comunicar com outros órgãos através de factores humorais, que são libertados na circulação sanguínea. Tais factores, como a irisina, podem afetar as funções de outros órgãos, incluindo o tecido adiposo, o fígado, o cérebro, os ossos, o pâncreas, os rins, o sistema cardiovascular e o sistema imunitário. A investigação clínica confirmou que tanto as doenças não inflamatórias como as inflamatórias estão correlacionadas com o nível basal de irisina, que será beneficiado pela irisina induzida pelo exercício, e revela uma interação cruzada entre a atividade física e estas doenças crónicas.

A irisina, uma mioquina recentemente descrita, melhora a resistência à insulina através do acastanhamento do tecido adiposo branco. Parece ser segregada em resposta ao exercício, proporcionando uma ligação hormonal entre o exercício e a melhoria da sensibilidade à insulina. Parece induzir um fenótipo de cor castanha em alguns adipócitos brancos, o que melhora vários parâmetros metabólicos, aumentando o gasto energético. Por conseguinte, a irisina poderia desempenhar um papel protetor hipotético contra diferentes perturbações patológicas, tais como doenças cardiovasculares, DM2 e doença hepática gorda. Além disso, através da melhoria da obesidade e do seu estado inflamatório crónico associado, a irisina pode ter um papel potencial na prevenção do cancro relacionado com a obesidade, bem como na osteoporose e nas doenças neurodegenerativas. A irisina surgiu como um potencial alvo terapêutico para a obesidade e as doenças metabólicas associadas, nas quais a resistência à insulina desempenha um papel patogénico importante.

Por conseguinte, são extremamente necessários mais estudos. Por exemplo, a identificação e as funções dos receptores de irisina, as características e a via de transdução de sinal da irisina têm de ser mais exploradas; a interação ou a ligação cruzada da irisina e de outras citocinas ainda não é clara.

Métodos de medição da IRISIN

ELISA: O nível de irisina no soro foi determinado utilizando um kit de ensaio de imunoabsorção enzimática (ELISA) competitivo para a irisina, disponível no mercado. É utilizado para a determinação quantitativa in vitro da irisina humana em sobrenadantes de culturas celulares, soro e plasma. Também deve funcionar para a determinação quantitativa in vitro da irisina em amostras biológicas de ratinho, rato e macaco. A absorvância de cada amostra foi medida em duplicado com um leitor de microplacas espetrofotométrico no comprimento de onda de 450 nm *(Bostrom et al., 2012)*.

Os níveis de irisina no plasma e no soro humanos variam entre 0,2 e > 2 ug /ml.

Espectrometria de Massa Tandem: Deteção e quantificação da irisina humana em circulação por espetrometria de massa em tandem com péptidos de controlo enriquecidos com isótopos estáveis pesados como padrões internos. Este método preciso e de última geração mostra que a irisina humana é traduzida principalmente a partir do seu códão de início não canónico e circula a ~ 3,6 ng/ml em indivíduos sedentários; este nível aumenta para ~ 4,3 ng/ml em indivíduos submetidos a treino aeróbico intervalado. Estes dados demonstram inequivocamente que a irisina humana existe, circula e é regulada pelo exercício *(Jedrychowski et al., 2015)*.

Referências

Abdelmegeed MA, Yoo SH, Henderson LE, Gonzalez FJ, Woodcroft KJ, Song BJ. (2011): A expressão de PPARalpha protege os ratos machos do fígado gordo não alcoólico induzido por alto teor de gordura. J. Nutr. 141: 603-610.

Anastasilakis AD, Polyzos SA, Makras P, et al. (2014): A irisina circulante está associada a fracturas osteoporóticas em mulheres pós-menopáusicas com baixa massa óssea, mas não é afetada pelo tratamento com teriparatida ou ordenosumab durante 3 meses.Osteoporos Int . 25(5): 1633-1642.

Andrew G, Metagenics S, Harbor G, WA. (2013): Irisina, uma nova mioquina: papel potencial na obesidade e diabetes. Heart Metab. 61:39-40

Arias-Loste MT, Ranchal I, Romero-Gómez M, Crespo J. (2014): Irisina, uma ligação entre doença hepática gordurosa, inatividade física e resistência à insulina. Int. J. Mol. Sci. 15: 23163-23178; doi:10. 3390/ijms151223163

Aydin S, Aydin S, Kobat MA, et al. (2014): Diminuição das concentrações de irisina na saliva / soro no infarto agudo do miocárdio promissor por ser um novo biomarcador candidato para o diagnóstico desta patologia. Peptides. 56: 141-145.

Aydin S, Aydin S, Kuloglu T, Yilmaz M, Kalayci M, Sahin I & Cicek D (2013): Alterações das concentrações de irisina na saliva e no soro de indivíduos obesos e com peso normal, antes e depois de 45 min de um banho turco ou corrida. Peptides 50: 13-18.

Basso JC, Suzuki WA. (2017): Os efeitos do exercício agudo sobre o humor, a

cognição, a neurofisiologia e as vias neuroquímicas: Uma revisão. Plasticidade Cerebral, 2 (2): 127- 152.

Bostrom P, Wu J, Jedrychowski MP, et al. (2012): Uma mioquina dependente de PGC1-alfa que impulsiona o desenvolvimento semelhante à gordura marrom da gordura branca e da termogênese. Nature. 481(7382): 463-468.

Bostrom, P, Wu, J, Jedrychowski, MP, Korde A, Ye L, Lo JC, Rasbach KA, Bostrom EA,Choi JH, , et al (2012): Uma mioquina dependente de PGC1-alfa que impulsiona o desenvolvimento semelhante à gordura castanha da gordura branca e da termogénese. Nature. 481: 463-468.

Buchman AS, Boyle PA, Yu L, Shah RC, Wilson RS, Bennett DA. (2012): Atividade física diária total e o risco de DA e declínio cognitivo em adultos mais velhos. Neurology. 78:1323-9.

Cali, AM, Zern TL, Taksali SE, de Oliveira AM., Dufour S, Otvos JD, Caprio S. (2007): Acúmulo de gordura intra-hepática e alterações na composição lipoprotéica em adolescentes obesos: Um estado proaterogénico perfeito. Diabetes Care, 30:3093-3098.

Camandola S, Mattson MP. (2017): Metabolismo cerebral na saúde, envelhecimento e neurodegeneração. The EMBO J. 36: 1474-149.

Carvalho A, Rea IM, Parimon T, Cusack BJ. (2014): Atividade física e função cognitiva em indivíduos com mais de 60 anos de idade: uma revisão sistemática. Clin Interv Aging, 9: 661-682.

Castillo-Quan JI (2012): Fromwhite to brown fat through the PGC *1a-* dependent myokine irisin: implications for diabetes and obesity. Disease Mod.& Mechanisms,vol.5: 3,293-295.

Chalasani N, Younossi Z, Lavine JE, Diehl AM, Brunt EM, Cusi K, et al. (2012): O diagnóstico e a gestão da doença hepática gordurosa não alcoólica: diretriz prática da Associação Americana de Gastroenterologia, da Associação Americana para o Estudo das Doenças do Fígado e do Colégio Americano de Gastroenterologia. Gastroenterology. 142(7):1592-609.

Chang CL, Huang SY, Soong YK, Cheng PJ, Wang CJ, Liang IT. (2014): A irisina circulante e o GIP estão associados ao desenvolvimento da síndrome dos ovários policísticos. J Clin Endocrinol Metab. 99(12): E2539-48.

Chen J, HuangY, Gusdon A , Shen Q (2015): Irisina: um novo marcador molecular e alvo em distúrbios metabólicos. Lípidos na Saúde e na Doença , 14:2.

Chen N, Li Q, Liu J, Jia S. (2016): Irisin, uma mioquina induzida pelo exercício como regulador metabólico: uma revisão narrativa atualizada. Diabetes Metab Res Rev. 32: 51-59.

Choi HY, Kim S, Park JW, et al. (2014): Implicação dos níveis de irisina circulante com tecido adiposo marrom e sarcopenia em humanos. J Clin Endocrinol Metab. 99(8): 2778-2785.

Choi YK, Kim MK, Bae KH, Seo HA, Jeong JY, Lee WK, et al. (2013): Nível de irisina sérica em diabetes tipo 2 de início recente. Diabetes Res Clin Pract.

2013;100(1):96-101.

Colaianni G, Cuscito C, Mongelli T, et al.(2014): Irisin aumenta a diferenciação de osteoblastos in vitro. Int J Endocrinol 2014: 902186.

Coughlin SS, Smith SA. (2015): O eixo do fator de crescimento semelhante à insulina, adipocinas, atividade física e obesidade em relação à incidência e recorrência do câncer de mama. Cancer Clin Oncol. 4:24-31.

Erickson KI, Kramer AF. (2009): Aerobic exercise effects on cognitive and neural plasticity in older adults. Br J Sports Med, 43(1): 22-24.

Gamas L, Matafome P, Seiça R. (2015): Regulação da Irisina e da Myonectina no Músculo Resistente à Insulina: Implicações para o Tecido Adiposo: Muscle Crosstalk. Journal of Diabetes Research , Artigo ID 359159, 8 páginas

Hee PK, Zaichenko L, Brinkoetter M, Thakkar B, Sahin-Efe A, Joung KE, et al. (2013): Irisina circulante em relação à resistência à insulina e à síndrome metabólica. J Clin Endocrinol Metab.; 98(12):4899-907.

Hew-Butler T, Landis-Piwowar K, Byrd G et al., (2015): Irisina plasmática em corredores e não corredores: nenhuma associação metabólica favorável em humanos. Physiological Reports, vol. 3:1,Article IDe12262.

Holzer M, Birner-Gruenberger R, Stojakovic T, El-Gamal D, Binder V, Wadsack C, Heinemann A, Marsche G. (2011): Uremia altera a composição e a função do HDL. J. Am. Soc. Nephrol.22: 1631-1641.

Hondares E, Rosell M, Diaz-Delfin J, Olmos Y, MonsalveM, Iglesias R, Villarroya

F, Giralt M (2011): Peroxisome proliferator-activated recetor alpha (PPARalpha) induz a expressão do gene PPARgammacoactivator 1alpha (PGC-1alpha) e contribui para a ativação termogénica da gordura castanha, Envolvimento de PRDM16. J. Biol. Chem. 286: 43112-43122.

Jardé T, Perrier S, Vasson MP, Caldefie-Chézet F. (2011): Mecanismos moleculares da leptina e da adiponectina no cancro da mama. Eur J Cancer. 47:3343.

Jedrychowski MP, Wrann CD, Paulo JA, Gerber KK, Szpyt J, Robinson MM, Nair KS, Gygi SP, Spiegelman BM (2015). Deteção e Quantificação de Irisina Humana Circulante por Espectrometria de Massa em Tandem. Cell Metab., 6;22(4):734-40.

Kuipers SD; Bramham CR. (2006): Mecanismos e função do fator neurotrófico derivado do cérebro na plasticidade sináptica do adulto: New insights and implications for therapy. Curr Opin Drug Discov Devel. 9:580-6.

Kurdiova T, Balaz M, Vician M, et al. (2014): Efeitos da obesidade, diabetes e exercício na expressão do gene Fndc5 e liberação de irisina no músculo esquelético humano e tecido adiposo: estudos in vivo e in vitro. J Physiol , 592(Pt 5): 1091-1107.

Liu JJ, Liu S, Wong MD, Tan CS, Tavintharan S, Sum CF, et al. (2014): Relação entre irisina circulante, função renal e composição corporal no diabetes tipo 2. J Diabetes Complications. 28(2):208-13.

Liu JJ, Wong MD, Toy WC, et al. (2013): A irisina circulante mais baixa está associada ao diabetes mellitus tipo 2. J Diabetes Complications, 27(4): 365-369.

Lopez-Legarrea P, de la Iglesia R, Crujeiras AB, et al. (2014): Maiores concentrações de irisina na linha de base estão associadas a maiores reduções na glicemia e insulinemia após a perda de peso em indivíduos obesos. Nutr Diabetes, 4: e110.

Mitchell NS, Catenacci VA, Wyatt HR, Hill JO (2011): Obesidade: visão geral de uma epidemia, Psychiatric Clinics of North America, vol. 34: 4, 717-732.

Moon, HS; Mantzoros, CS (2014): Regulação da proliferação celular e potencial maligno pela irisina em linhas celulares de cancro do endométrio, cólon, tiroide e esófago. Metabolismo, 63:188-193.

Moreno-Navarrete JM, Ortega F, Serrano M, et al. (2013): A irisina é expressa e produzida pelo músculo humano e tecido adiposo em associação com obesidade e resistência à insulina. J Clin Endocrinol Metab , 98(4): E769- 778.

Novelle MG, Miguel Contreras LC, Diéguez C, Picó AR (2013): Irisin, dois anos depois. Volume, Artigo ID 746281, 8 páginas.

Pajonk FG, Wobrock T, Gruber O, et al. (2010): Plasticidade hipocampal em resposta ao exercício na esquizofrenia. Arch Gen Psychiatry , 67(2): 133143.

Palermo A, Strollo R, Maddaloni E, et al. (2015): A irisina está associada a fracturas osteoporóticas independentemente da mineraldensidade óssea, composição corporal ou atividade física diária. Clin Endocrinol (Oxf), 82(4): 615619.

Park H; Poo MM. (2013): Regulação da neurotrofina do desenvolvimento e função do circuito neural. Nat Rev Neurosci.14:7-23.

Pedersen BK , Brandt C (2010): O papel das mioquinas induzidas pelo exercício na homeostase muscular e na defesa contra doenças crónicas. Journal of Biomedicine and Biotechnology, vol., 2010, Artigo ID 520258, 6 páginas.

Pedersen BK, Febbraio MA. (2012): Músculos, exercício e obesidade: o músculo esquelético como um órgão secretor. Nature Reviews Endocrinology, vol. 8:. 457-465.

Polotsky AJ, Allshouse A, Crawford SL, Harlow SD, Khalil N, Santoro N, et al. (2012): Contribuições relativas de oligomenorreia e hiperandrogenemia para o risco de síndrome metabólica em mulheres de meia-idade. J Clin Endocrinol Metab. 97(6): E868-77.

Polyzos SA, Kountouras J, Anastasilakis AD, Geladari EV & Mantzoros CS (2014): Irisina em pacientes com doença hepática gordurosa não alcoólica. Metabolismo 63: 207-217.

Provatopoulou X, Georgiou GP, Kalogera E, Kalles V, Matiatou MA, Papapanagiotou I, Sagkriotis A, Zografos GC, Gounaris A. (2015): Os níveis séricos de irisina são mais baixos em pacientes com cancro da mama: associação com o diagnóstico da doença e características do tumor. BMC Cancer. 15: 898.

Ramin C , Barrett HL, Callaway LK, Nitert MD. O Papel da Irisina na Diabetes Mellitus Gestacional: Uma revisão. Endocrinol Metab Synd 2014, 3:3.

Rana KS, Arif M, Hill EJ, Aldred S, Nagel DA, Nevill A, Randeva HS, Bailey CJ, et al.(2014): Os níveis de irisina no plasma predizem o comprimento dos telómeros em adultos saudáveis. AGE; 36(2):995-1001.

Ruschke, K.; Fishbein, L.; Dietrich, A.; Kloting, N.; Tonjes, A.; Oberbach, A.; Fasshauer, M.;Jenkner, J.; Schon, M.R.; Stumvoll, M (2010): A expressão gênica de PPARgamma e PGC-1alpha em tecidos adiposos omentais e subcutâneos humanos está relacionada a marcadores de resistência à insulina e medeia os efeitos benéficos do treinamento físico. Eur. J. Endocrinol. 162: 515-523.

Sanchis-Gomar F, Perez-Quilis C. (2014): O eixo p38-PGC-1alfa-irisina-betatrofina: explorando novas vias na resistência à insulina. Adipocyte : 3(1): 67-68.

Sanchis-Gomar F.; Perez-Quilis C (2013): Irisinemia: Um novo conceito para cunhar na medicina clínica? Ann. Nutr. MeTable, 63: 60-61.

Scholz C, Andergassen U, Hepp P, Schindlbeck C, Friedl TW, Harbeck N, et al.(2015): A obesidade como fator de risco independente para a diminuição da sobrevivência no cancro da mama de alto risco com nódulo positivo. Breast Cancer Res Treat. 2;151:569-76.

Schumacher MA, Chinnam N, Ohashi T, Shah RS, Erickson HP (2013): A estrutura da irisina revela um novo dímero de fibronectina tipo III (FNIII) de folha beta intersubunitária: implicações para a ativação do recetor. J Biol Chem; 288(47): 33738-33744.

Spiegelman BM, (2013): regulação da adipogénese: rumo a novas terapêuticas para a doença metabólica," *Diabetes*, vol. 62:. 6, 1774-1782.

Strasser B (2013): A atividade física na obesidade e na síndrome metabólica. Anais da Academia de Ciências de Nova Iorque, vol. 1281, pp. 141-159.

Villarroya F (2012): Irisin, aumentando o calor. Cell Me Table , 15: 277278.

Voss MW, Vivar C, Kramer AF, van Praag H. (2013): Fazendo a ponte entre modelos animais e humanos de plasticidade cerebral induzida pelo exercício. Tendências em Ciências Cognitivas. 17: 525-44.

Wen MS, Wang CY, Lin SL, Hung KC, (2013): Diminuição da irisina em pacientes com doença renal crónica, PLoS One, vol. 8, Artigo ID e64025.

Wong VW, Chu WC, Wong GL, Chun RS, Chim AM, Ong A, Yeung DK, Yiu KK, Chu SH, Woo J, et al. (2012): Prevalência de doença hepática gordurosa não alcoólica e fibrose avançada em chineses de Hong Kong: Um estudo populacional utilizando espetroscopia de ressonância magnética de protões e elastografia transitória. Gut . 61:409-415.

Wrann CD, White JP, Salogiannnis J, Laznik-Bogoslavski D, Wu J, Ma D, Lin JD, Greenberg ME, Spiegelman BM. (2013): O exercício induz o BDNF do hipocampo através de uma via PGC- 1alpha / FNDC5. Metabolismo celular. 18:649-59.

Wrann CD. (2015): FNDC5/Irisina - O seu papel no sistema nervoso e como mediador dos efeitos benéficos do exercício no cérebro. Brain Plasticity 1: 55-61.

Wu, J, Bostrom P, Sparks LM, Ye L, Choi, JH, Giang AH, Khandekar M, Virtanen, KA, Nuutila P, Schaart G, et al. (2012): Os adipócitos bege são um tipo distinto de célula de gordura termogénica em ratos e humanos. Célula: 150, 366-376.

Xiang L, Xiang G, Yue L, Zhang J, Zhao L. (2014): Os níveis circulantes de irisina estão positivamente associados à vasodilatação dependente do endotélio em pacientes diabéticos tipo 2 recém-diagnosticados sem angiopatia clínica. Atherosclerosis. 235(2):328-33.

Xu J, Lloyd DJ, Hale C, Stanislaus S, Chen M, Sivits G, Vonderfecht S, Hecht R, Li YS, Lindberg RA, et al. (2009): O fator de crescimento de fibroblastos 21 inverte a esteatose hepática, aumenta o gasto energético e melhora a sensibilidade à insulina em ratos obesos induzidos por dieta. Diabetes 58: 250-259.

Yan J, Feng Z, Liu J, Shen W, Wang Y, Wertz K, et al. (2012): O aumento da autofagia desempenha um papel fundamental na disfunção mitocondrial em ratos Goto-Kakizaki (GK) diabéticos do tipo 2: efeitos de melhoria da (-) - epigalocatequina-3-galato. J Nutr Biochem, 23(7):716-24.

Yang M, Wei D, Mo C, et al. (2013): A resistência à insulina induzida por palmitato de ácido gordo saturado é acompanhada pela perda de miotubos e pela expressão prejudicada de genes de mioquina benéficos para a saúde em miotubos C2C12. Lipids Health Dis, 12:104.

Yi P, Park JS, Melton DA. Betatrophin (2013): uma hormona que controla a proliferação das células beta pancreáticas. Cell, 153(4): 747-758.

Zhang, HJ, Zhang XF, Ma ZM, Pan LL, Chen Z, Han HW, Han CK, Zhuang XJ, Lu Y, Li XJ, et al. (2013): A irisina está inversamente associada ao conteúdo de triglicerídeos intra-hepáticos em adultos obesos. J. Hepatol. 59:557-562.

Zhang M, Chen P, Chen S, et al., (2014): A associação de novos marcadores inflamatórios com diabetes mellitus tipo 2 e complicações macrovasculares: um estudo preliminar", European Review for Medical and Pharmacological Sciences, vol. 18: 11, 1567-1572.

Zhang J, Valverde P, Zhu X, Murray D, Wu Y, Yu L, Jiang H, et al. (2017): A irisina induzida pelo exercício no osso e a administração sistémica de irisina revelam novos mecanismos reguladores do metabolismo ósseo. Bone Research. 5: 16056.

Printed by Books on Demand GmbH, Norderstedt / Germany